U0334164

优秀技术工人
百工百法丛书

陈久友工作法

轻量化金属构件高性能激光焊接

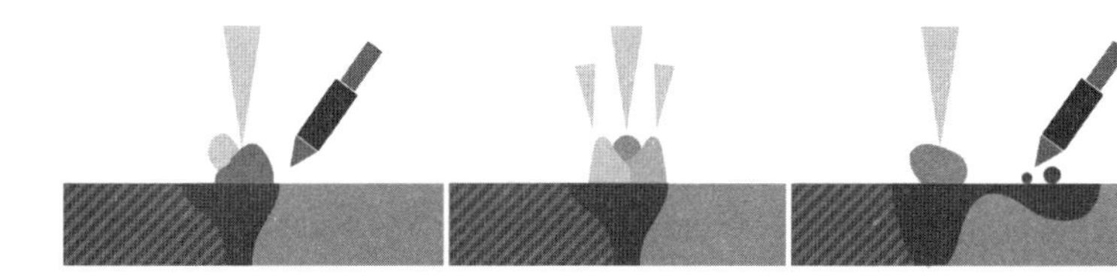

中华全国总工会 组织编写

陈久友 著

中国工人出版社

技术工人队伍是支撑中国制造、中国创造的重要力量。我国工人阶级和广大劳动群众要大力弘扬劳模精神、劳动精神、工匠精神，适应当今世界科技革命和产业变革的需要，勤学苦练、深入钻研，勇于创新、敢为人先，不断提高技术技能水平，为推动高质量发展、实施制造强国战略、全面建设社会主义现代化国家贡献智慧和力量。

——习近平致首届大国工匠创新交流大会的贺信

优秀技术工人百工百法丛书

编委会

优秀技术工人百工百法丛书

国防邮电卷

编委会

序

党的二十大擘画了全面建设社会主义现代化国家、全面推进中华民族伟大复兴的宏伟蓝图。要把宏伟蓝图变成美好现实，根本上要靠包括工人阶级在内的全体人民的劳动、创造、奉献，高质量发展更离不开一支高素质的技术工人队伍。

党中央高度重视弘扬工匠精神和培养大国工匠。习近平总书记专门致信祝贺首届大国工匠创新交流大会，特别强调“技术工人队伍是支撑中国制造、中国创造的重要力量”，要求工人阶级和广大劳动群众要“适应当今世界科技革命和产业变革的需要，勤学苦练、深入钻研，勇于创新、敢为人先，不断提高技术技能水平”。这些亲切关怀和殷殷厚望，激励鼓舞着亿万职工群众弘扬劳模精神、劳动精神、工匠精神，奋进新征程、建功新时代。

近年来，全国各级工会认真学习贯彻习近平总书记关于工人阶级和工会工作的重要论述，特别是关于产业工人队伍建设改革的重要指示和致首届大国工匠创新交流大会贺信的精神，进一步加大工匠技能人才的培养选树力度，叫响做实大国工匠品牌，不断提高广大职工的技术技能水平。以大国工匠为代表的一大批杰出技术工人，聚焦重大战略、重大工程、重大项目、重点产业，通过生产实践和技术创新活动，总结出先进的技能技法，产生了巨大的经济效益和社会效益。

深化群众性技术创新活动，开展先进操作

法总结、命名和推广，是《新时期产业工人队伍建设改革方案》的主要举措。为落实全国总工会党组书记处的指示和要求，中国工人出版社和各全国产业工会、地方工会合作，精心推出“优秀技术工人百工百法丛书”，在全国范围内总结100种以工匠命名的解决生产一线现场问题的先进工作法，同时运用现代信息技术手段，同步生产视频课程、线上题库、工匠专区、元宇宙工匠创新工作室等数字知识产品。这是尊重技术工人首创精神的重要体现，是工会提高职工技能素质和创新能力的有力做法，必将带动各级工会先进操作法总结、命名和推广工作形成热潮。

此次入选“优秀技术工人百工百法丛书”作者群体的工匠人才，都是全国各行各业的杰出技术工人代表。他们总结自己的技能、技法和创新方法，著书立说、宣传推广，能让更多人看到技术工人创造的经济社会价值，带动更多产业工人积极提高自身技术技能水平，更好地助力高质量发展。中小微企业对工匠人才的孵化培育能力要弱于大型企业，对技术技能的渴求更为迫切。优秀技术工人工作法的出版，以及相关数字衍生知识服务产品的推广，将对中小微企业的技术进步与快速发展起到推动作用。

当前，产业转型正日趋加快，广大职工对于技术技能水平提升的需求日益迫切。为职工群众创造更多学习最新技术技能的机会和条件，传播普及高效解决生产一线现场问题的工法、技法和创新方法，充分发挥工匠人才的“传帮带”作用，工会组织责无旁贷。希望各地工会能够总结、命名和推广更多大国工匠和优秀技术工人的先进工作法，培养更多适应经济结构优化和产业转型升级需求的高技能人才，为加快建设一支知识型、技术型、创新型劳动者大军发挥重要作用。

中华全国总工会兼职副主席、大国工匠

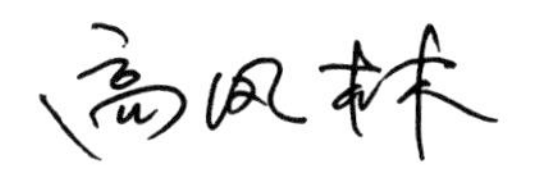

作者简介
About The Author

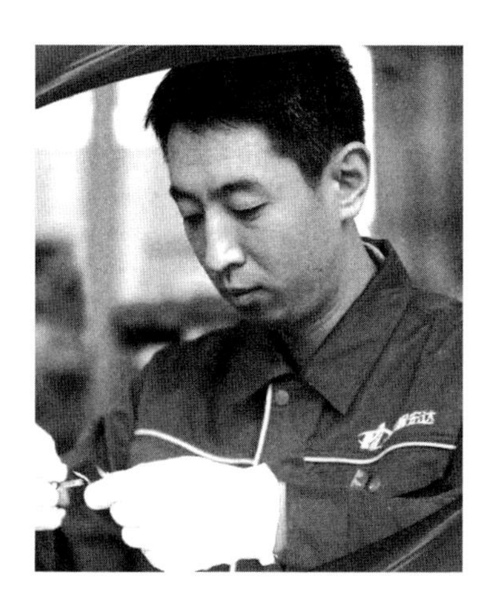

陈久友

1979年出生，中国航天科工集团第三研究院第二三九厂焊接工，特级技师，中国航天复杂结构件高性能焊接专业领军人物。曾获“全国技术能手”“最美军工人”“中央企业劳动模范”“国家质量管理优秀奖”“中国航天科工集团航天报国重大贡献奖”“中国航天科工集团优秀共产党员”“航天基金奖”“航天技术能手”“航天三院优秀共产党员”，享受国务院政府特殊津贴。

从业二十多年，陈久友始终秉承“科技强军、航天报国”的崇高理想，埋首一线。他创新采用“∞”激光摆动焊接方法，解决了高性能激光焊接技术在轻质金属材料中的工程应用难题，使铝合金、钛合金焊接气孔率由 30% 减少至 1% 以内，使企业成为军工行业首家将激光焊接技术应用于铝合金构件规模化生产的单位，技术成果树立了两项航天标准。在他的带领下，先后完成众多飞航产品的焊接攻关及国家级重大课题研究项目，解决了众多飞航产品研制生产中的瓶颈短线难题，累计创造经济效益超过 5000 万元，为我国飞航装备的快速发展作出了突出贡献。

工/匠/寄/语

创新发展
遵守正道
匠心筑梦
科技强国

陈久友

目　　录
Contents

引 言
Introduction

航天产品具有轻量化水平高、空间结构复杂、壁薄等特点，特别适合采用激光焊接技术。目前在航天领域，大尺寸复杂结构件激光焊接技术已经涵盖了钛合金、铝合金、不锈钢、高温合金等材料，在诸多典型构件上实现了激光焊接规模化工程应用。

本工作法阐述了激光焊接技术原理、常用工艺方法，激光焊接结构设计及工艺性，激光焊接设备与工装，典型构件高性能激光焊接实例，以及作者在从业二十多年的时间中对激光焊接结构与工艺性的认识，希望对从事激光焊接工作的人员有一定的启示作用。

第一讲

激光焊接技术原理及常用工艺方法

焊接是通过加热或加压，或者两者并用，以及用或不用填充材料，使焊件达到原子结合的一种加工方法。半个多世纪以来，随着物理、化学、机械、材料科学、电子、计算机等各类学科的发展进步，焊接技术也取得了令人瞩目的进展，成为现代制造业中不可或缺的基本制造技术之一。历史上每种热源的出现，包括火焰、电弧、电阻热、摩擦热、等离子弧、电子束、激光、超声波、微波等，都伴随着新的焊接方法的出现并推动了焊接技术的发展。激光焊接（Laser Beam Welding，LBW）自20世纪60年代问世后，受到世界各国高度重视，发展迅速，产生了良好的经济效益和社会效益，成为焊接技术的重要方向，并成为航天工程领域结构件焊接成形的重要方法之一。本工作法就激光焊接技术在航天工程领域典型构件中的应用展开论述。

一、激光焊接的技术原理与分类

1. 激光焊接的技术原理

激光焊接的技术原理为以聚焦的、高能量密度的激光束作为热源轰击焊件接缝处，使焊件局部熔化形成熔池，焊接热源不断向前移动，熔池也随之向前移动，熔池后部则不断凝固形成焊缝，如图 1 所示。激光焊接在航天领域主要适用于铝合金、钛合金、高温合金、金属间化合物等材料的焊接，其焊接厚度为 0~10mm，焊缝性能优异，适合复杂异型钣焊结构，焊接变形小。

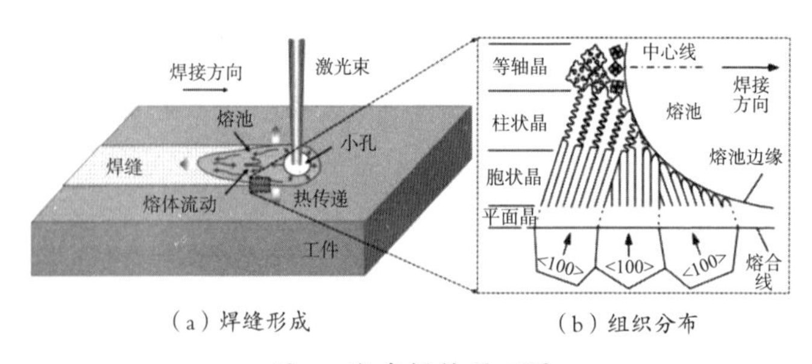

（a）焊缝形成　　（b）组织分布

图 1　激光焊接原理图

其优点有：

（1）能量密度高，热输入低，焊接变形小，热影响区窄，特别适宜于精密焊接和微细焊接。

（2）穿透力强，目前深宽比可达 12∶1，一次焊接厚度在 10mm 以上。

（3）适宜于难熔金属、热敏感性强金属以及热物理性能差异悬殊工件间的焊接。

（4）易实现自动化、智能化焊接，提高焊接效率和质量。

（5）不需真空室，不产生 X 射线，观察以及对中方便。如图 2 所示。

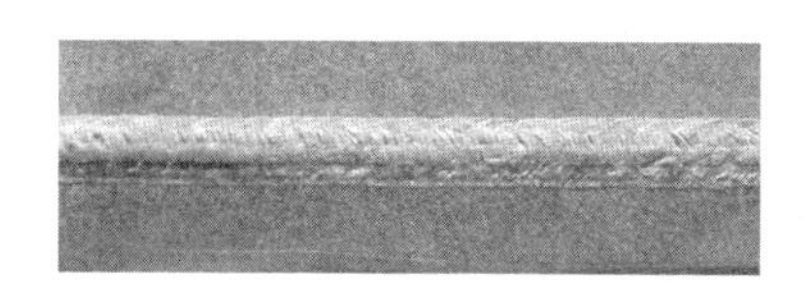

（a）形貌

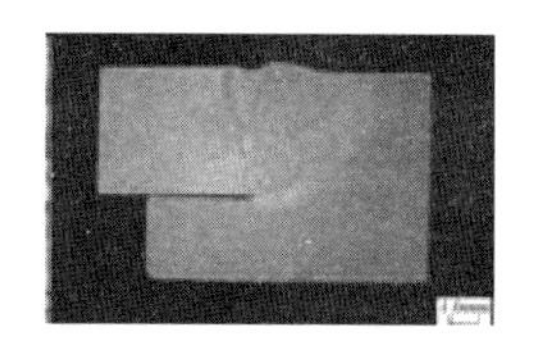

（b）截面

图 2　典型激光焊缝形貌及截面

总之，与其他焊接方式相比，激光焊接具有能量密度高、深宽比大、热影响区窄、焊缝成形美观的优点。此外，激光焊接设备操作灵活度高，焊接速度快，生产效率高，经济性良好，容易实现自动化、智能化控制，在航天领域无论是研制还是批量化生产都具有很高的技术优势。因此，激光焊接技术成为目前航天领域结构件高精度焊接的重要焊接方法。其缺点是焊接厚度受限制。

2. 激光焊接分类

激光焊接可以按照传热机制、激光光源等多种方式进行分类，如表 1 所示。最常见的分类方式是根据实际作用在工件上的功率密度，将其分为激光热导焊（激光功率密度小于 10^6W/cm^2）和激光深熔焊（激光功率密度大于等于 10^6W/cm^2）。激光热导焊时，焊件接合部位被激光照射，作用于金属表面的时间在毫秒量级内，金属表面吸收光能而使温度升高，热量按照固体材料的热传导理论向金属内部传递扩散。被焊工件接合部位的两部分金属因升温达到熔点而熔化成液体，凝固后熔接焊在一起。热传导型激光焊接时，激光与金属之间的相互作用主要是金属对光的反射、吸收，不产生非线性效应和小孔效应。激光直接穿透深度只在微米量级，金属内部升温靠热传导方式进行。激光热导焊的效果和所需激光参数大小与被焊材料的物理特性有很大的关系，主要是金属的热导率、熔点、沸点、金属表面状态、粗糙度、对激光的反射特性等。

与激光热导焊相比，激光深熔焊需要更高的激光功率密度。激光深熔焊的机理与电子束焊接的机理相近，功率密度在 10^6~10^7W/cm^2 的激光束照射金属焊缝表面，由于激光功率密度足够高，会使金属材料熔化、蒸发，并在激光束照射点处形成一个小孔。这个小孔继续吸收激光束的光能而传递给被焊工件，且作为一个黑体，使激光束的能量传到焊缝深部，在小孔周围形成一个熔融金属的熔池，热能由熔池向周围传播，激光功率密度越大，熔池越深。当激光束相对于焊件移动时，小孔的中心也随之移动，并处于相对稳定的状态。激光深熔焊通过小孔效应，使激光束的光能传向材料深部，焊缝窄而深，其深宽比可达到 12：1。

表1　激光焊接分类

分类标准	焊接分类
传热机制	· 热导焊 · 深熔焊
激光光源	· 气体激光器焊接 · 固体激光器焊接 · 光纤激光器焊接
激光输出形式	· 连续激光焊接 · 短脉冲激光焊接（纳秒） · 超短脉冲激光焊接（飞秒、皮秒）
热源种类	· 激光焊 · 激光复合焊
柔性程度	· 固定式激光焊接 · 机器人 / 手持式柔性激光焊接
作业环境	· 大气环境激光焊接 · 水下激光焊接 · 真空激光焊接

二、激光焊接常用工艺方法

1. 单光束激光焊接技术

目前，单光束激光焊接技术是最普遍的激光焊接技术，具有深宽比大，焊缝宽度小，热影响区窄，变形小，焊接速度快的优点；焊缝平整、美观，焊后无须处理或只需简单处理；焊缝质量高，可减少和优化母材杂质，组织焊后可细化；可控制，聚焦光点小，可高精度定位，易实现自动化；可实现某些异种材料间的焊接。单光束激光焊接技术被广泛应用于手机通信、电子元件、眼镜钟表、首饰饰品、五金制品、精密器械、医疗器械、汽车配件、工艺礼品等行业。

2. 摆动激光焊接技术

摆动激光焊接技术是近几年出现在国内外市场上的一种高效焊接技术。与传统激光焊接的主要区别是激光束定位方法不一样，此方法通过激光束入射到扫描振镜的 X、Y 轴两个反射镜上，计算机控制反射镜的角度，实现激光束的任意偏转，使具有一定功率密度的激光聚焦在加工工件表面的不同位置，从而实现焊接功能。

铝合金是航天领域常用的一种轻质合金材料，其典型应用场景之一为铝合金油箱产品激光焊接。油箱产品具有载油率高、结构轻量化的特点，多采用铝合金骨架蒙皮焊接成型。此类薄壁弱刚性结构对制造技术要求高，铝合金激光焊接是实现此类薄壁弱刚性复杂构件焊接连接的最佳方案。但面向复杂构件对高效柔性激光焊接技术的高质量、高效率、低成本的工程应用需求，现有激光焊接技术仍存在一些突出问题。

（1）合金元素烧损严重。由于铝合金的电离能低，而且 5A06 铝合金中含有大量的低沸点金属元素 Mg，因此，铝合金激光深熔焊接时，熔池内的合金元素在激光高能量强辐射下，随着金属蒸气的喷发都有明显烧损。这会导致焊缝表面下塌，从而造成焊缝成型缺陷，使接头力学性能下降。

（2）易产生气孔缺陷。由于液态铝合金对氢的溶解度很大，而激光焊的冷却速度很快，这样来不及逸出的氢气就造成了氢气孔。在深熔焊接时，如果小孔不稳定，熔融铝合金就不能很好地填充空洞，这样金属蒸气和气体就会留在焊缝根部，从而形成气孔。另外，由于铝合金焊接时表面张力较低，而且金属蒸气反冲压力又大，所以气孔敏感性更大。

气孔是铝合金激光焊接时较为常见的一类焊接缺陷，具有数量大、分布密集、单个气孔体积较大的特点，会对焊缝的力学性能造成较大的影响，同时也会对结构件的密封性造成隐患。将铝合金激光焊焊接试板沿着焊缝的中心线压断，获得压断后焊缝纵向截面（如图 3 所示）。从图 3 可以看出，焊缝中的气孔分布较为密集，而且气孔数量多，气孔尺寸大，形状不规则。焊缝中的气孔主要集中在焊缝根部位置，部分气孔连成一片形成气孔链，气孔有向上逸出的趋势。

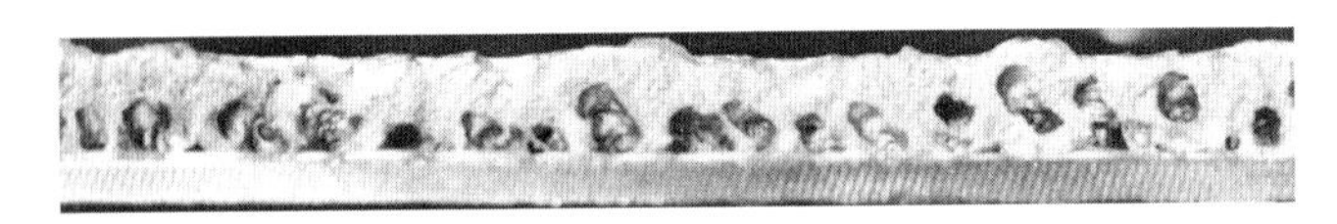

图 3　常规激光焊焊缝中气孔存在的情况

图 4 为在不同位置处的焊缝横截面上的气孔形态的照片。根据气孔分布的位置，可将其分为根部气孔、中心气孔和表面气孔三类。根部气孔一般尺寸较大、形状极不规则，大多数气孔仍保持有向上运动的趋势。根部气孔是从匙孔根部形成之后，在向上运动的过程中因熔池凝固而残留在焊缝中形成的［见图 4（a）］。中心气孔则一般位于焊缝中部，而且尺寸大于根部气孔，形状极不规则。这是由于气孔从根部形成后，在向上运动的过程中，气孔发生聚集后体积增加，当移动

到焊缝中间部位后，由于焊缝凝固而残留在焊缝中［见图4（b）］。表面气孔则一般位于焊缝的中上部位，该类气孔的突出特点是尺寸较小、数量较多、分布较为密集［见图4（c）］。

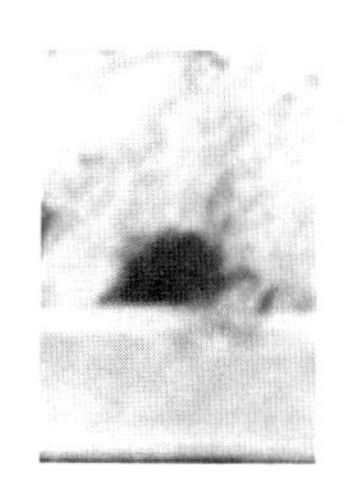
（a）根部气孔

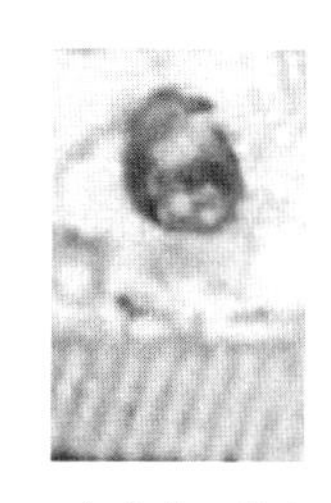
（b）中心气孔

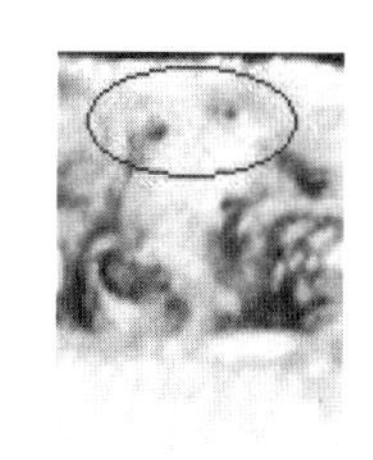
（c）表面气孔

图4　气孔在焊缝位置中的分布

在铝合金激光焊接中，焊缝中存在两类气孔：一类气孔形状规则、尺寸较小、内壁光滑、数量很少，这类气孔是氢气孔；另一类气孔形状不规则，而且尺寸较大、内壁不光滑，这类气孔为工艺型气孔。通过扫描电镜对气孔特征进行研究，如图5所示，工艺型气孔内壁有明显的液流冲刷的褶皱痕迹，并且数量多于氢气孔。因此断定，铝合金激光扫描焊接中的气孔主要为工艺型气孔。

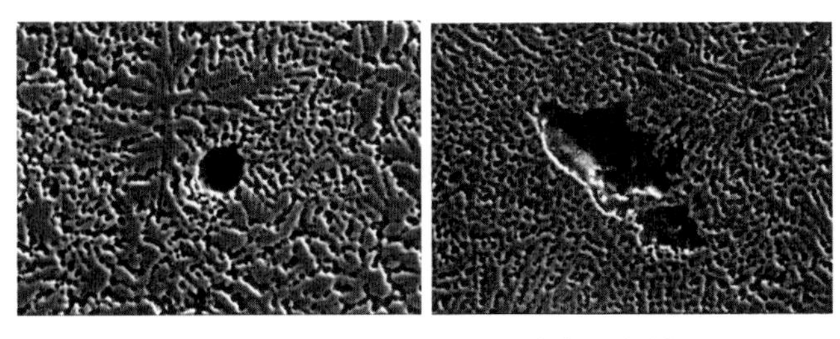

（a）氢气孔　　（b）工艺型气孔

图 5　焊缝气孔 SEM 图

由于工艺型气孔是激光焊接过程中匙孔的不定期坍塌而导致的，因此通过光束的周期性运动的激光摆动焊接技术来增加匙孔的稳定性，使得匙孔不容易坍塌，进而对气孔缺陷的产生起到抑制作用。

在激光摆动焊接中，除常规焊接参数外，摆动轨迹、摆动幅值、摆动频率也是摆动激光焊接的重要焊接参数。摆动轨迹是激光摆动焊接中一个较为重要的参数，它是由光斑的运动方向和焊接速度方向定义的。不同的摆动轨迹反映了激光对熔池不同的搅拌形式，进而会对熔池的流动形式、焊接过程中匙孔的稳定程度以及焊接过程中等离子体的稳定性造成影响，因此这势必会对焊缝的成形以及内部质量造成一定的影响。

与无摆动的单光束激光铝合金焊接相比，采用合适的激光摆动焊接技术，可以有效抑制铝合金激光焊接的气孔缺陷问题，获得组织均匀细小、无焊接缺陷且综合性能优良的焊接接头。该焊接方法解决了航天铝合金结构件气孔缺陷的瓶颈难题，十分适合薄壁铝合金构件的焊接。

3. 双光束激光焊接技术

激光焊接的激光束光斑直径小，可精确控制焊接热输入，焊接线能量小，因此激光焊接变形和残余应力均很小，同时焊接热影响区窄、焊缝金属晶粒粗化倾向小。然而，对于钣金成形的薄壁结构件来说，由于成形精度难以控制，焊接装配间隙较大，且存在一定的错边，给激光焊接技术在薄壁结构件上的应用带来了困难。

为解决常规单光束激光焊接存在的问题，将单光束激光分离成两束激光，通过改变两束激光能量配比、光束间距、排布方式，对激光焊接温度场、流动场进行方便、灵活的调节，改变匙孔的存在模式与熔池的流动方式，提高单光束激光焊接的工艺适应性，为激光焊接工艺提供更加广阔的选择空间。双光束激光焊接不仅拥有激光焊残余应力变形小、接头质量好等优点，且能较好地解决常规激光焊接间隙适应性差、气孔倾向大、合金元素烧损严重等问题。双光束激光用于填丝钎焊、异种材料的焊接，能增强填丝钎焊、激光钎焊工艺的焊丝、钎料的熔化能力及过程稳定性，可实现异种材料优质焊接。

4. 激光—电弧复合焊接技术

纯激光焊具有能量密度高、焊接效率高、焊后变形小、热影响区窄及不与工件接触等特点，但研究发现，纯激光焊也有如下不足：（1）激光光斑直径小，对装配要求（间隙、错边、不等厚度等）高。（2）母材受激光加热部分熔化或气化后迅速凝固形成匙孔，孔中的气体因较难逸出而产生气孔、缩孔等缺陷。（3）激光光致等离子体会吸收、反射及折射激光能量，从而降低激光的吸收率、利用率及能量转化率。（4）低熔点合金元素易烧损。（5）设备及维护成本较高等。因此，纯激光焊的应用受到一定限制。

为解决上述问题，学者通过将激光热源与激

光、电弧、电阻热等热源有机组合，实现了激光复合焊。由于激光与其他热源的协同作用改变了激光的小孔特征、热源分布状况等，优化了焊缝宏观形貌，改善了微观组织和力学性能，既有效弥补了纯激光焊的缺点，又实现了“1+1 ＞ 2”的焊接效果，因此激光复合焊在航空航天、汽车、船舶及石油化工等领域的应用日益广泛。

激光复合焊接技术应用较多的是激光—电弧复合焊接技术，主要目的是有效地利用电弧能量，在较小的激光功率条件下获得较大的熔深，同时提高激光焊对接头间隙的适应性，降低激光焊的装配精度，实现高效率、高质量的焊接过程。例如，由于激光焊的价格功率比太大，当对厚板进行深熔、高速焊接时，为了避免使用价格昂贵的大功率激光器，可将小功率的激光器与气体保护焊结合起来进行复合焊接，如激光 –TIG 和激光 –MIG 等。

激光—电弧复合焊接技术是将物理性质、能量传输机制截然不同的激光热源（CO_2 激光、YAG 激光、半导体激光等）与电弧热源（TIG、MIG/MAG、PAW、CMT 等）通过旁轴、同轴或串联等方式结合形成一种高效的复合热源，如图 6 所示，并作用于同一位置进行焊接。

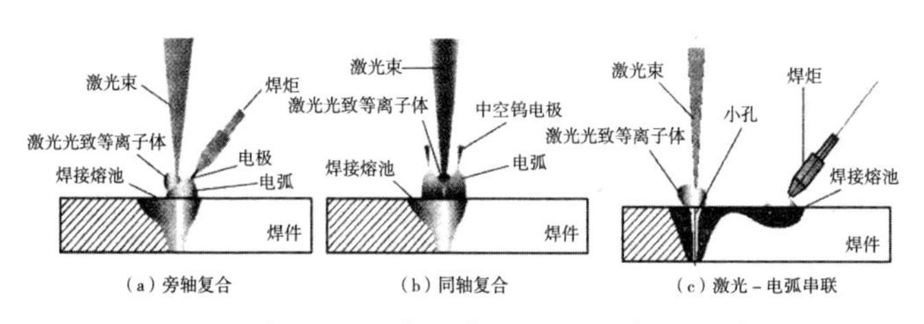

图 6 激光—电弧旁轴复合与同轴复合示意图

激光与电弧联合应用进行焊接有两种方式：一是沿焊接方向，激光与电弧间距较大，前后串联排布，两者作为独立的热源作用于工件，主要是利用电弧热源对焊缝金属进行预热或后热，达到提高激光吸收率、改善焊缝组织性能的目的。

二是激光与电弧共同作用于熔池，焊接过程中，激光与电弧之间存在相互作用和能量的耦合，也就是通常所说的激光—电弧复合热源焊接。

激光—电弧复合焊接技术的优点如下：

（1）激光降低了射流过渡的临界电流，通过对电弧引导减少了电弧的剧烈跳跃、飘移与断弧，提高了焊接稳定性，也提高了电弧熔化效率。

（2）焊接速度快，热输入小，熔池冷却缓慢，焊接变形小，利于组织缓慢转变与气体逸出，尤其是在厚板焊接及高速焊接中，有利于消除气孔、裂纹、咬边及未熔合等缺陷。

（3）电弧的加入减弱了光致等离子体对激光的屏蔽，实现了低激光功率下的大熔深。

（4）电弧对母材的预热增加了母材对激光的吸收率，可焊接高反射率、高热导率材料。

（5）复合焊的光斑直径更大，电弧的预热也提高了间隙桥接能力，能适应较大的装配间隙。

（6）可通过改变填充焊丝成分等方式来改善焊缝组织，提高综合性能。

5. 激光填丝焊接

面对单激光焊接存在的一些不足之处，不能很好地满足越来越多样性的需求：（1）单激光焊接对焊缝的装配间隙要求非常严格，通常要求其间隙＜0.2mm，否则很难实现良好连接。（2）单激光焊接在焊接裂纹敏感性高的材料时非常容易造成焊缝开裂，不能够对焊缝成分进行调整以控制裂纹的产生。（3）运用单激光焊接技术焊接大厚度板材时需要超高功率的激光器，其熔透能力完全取决于激光器的功率上限，并且还不能完全保证焊缝质量。

为了适应各行业发展的需求，激光填丝焊接在单激光焊接的基础上发展起来，并相对于单激光焊接具有明显的优势。

（1）大幅降低工件的装配要求。因为有焊丝加入焊接过程，焊缝熔池金属会大幅增多，能够桥接更大的焊缝间隙，同时能够使焊缝较为饱满。

（2）可控制焊缝区域的组织性能。因为焊丝的成分相比于焊缝接头母材成分有一定的差别，焊丝熔入熔池后可调整焊缝熔池的质量、成分及其比例，控制其凝固过程及微观组织。

（3）线能量输入较小，热影响区及热变形均较小，非常有利于焊接对变形要求严格的工件。

（4）可实现以较小激光功率焊接较厚的材料。因为焊丝加入焊接过程，可以实现多道焊接，并且焊缝熔池金属会显著增大，这样就可以对焊缝接头进行开破口处理，以此来减小焊件的实际激光焊接厚度，进而实现多道激光填丝焊接厚板材料。

三、激光焊接主要工艺参数

在激光热传导焊接和激光深熔焊接过程中，影响焊接效果的因素很多，因而在焊接某个工件时，需要了解主要参数的作用，全面考虑各项参数的大小，以确保焊接效果，如激光功率、焊接速度、焊点位置、光斑形式等。

1. 功率和速度

激光功率的大小是激光焊接工艺的首选参数。根据焊接的厚度、焊接的速度，确定激光器输出功率的数值，再配合适当的气体保护，才能得到好的焊接效果。当激光功率较小时，虽然也能产生小孔效应，但有时焊接效果不好，焊缝内有气孔，当激光功率加大时，焊缝内气孔消失。因此，在激光深熔焊接时，不要采用能够产生小孔效应的最小功率，而应适当地加大激光功率，就可以提高焊接速度和熔深。但是，当功率过大时，会引起材料过分吸收，使小孔内的气体喷溅，或焊缝产生缺陷，甚至使工件焊穿。激光焊接不同参数与熔深的关系曲线，如图 7 所示。

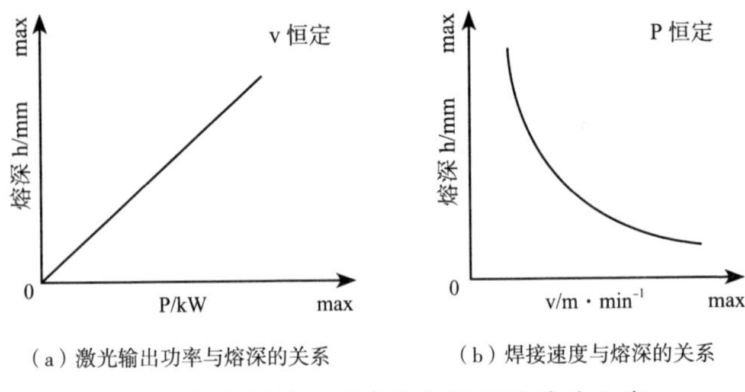

（a）激光输出功率与熔深的关系　（b）焊接速度与熔深的关系

图 7　激光焊接不同参数与熔深的关系曲线

为使焊缝平整光滑，实际焊接时，激光功率在开始和结束时都应设计有渐变过程，启动时激光功率由小变大到预定值，结束焊接时激光功率由大变小，这样焊缝才能没有凹坑或斑痕。

焊接速度影响焊缝熔深和熔宽。深熔焊接时，熔深几乎与焊接速度成反比。在给定材料、给定功率条件下，对一定厚度范围的工件进行焊接时，有一合适的焊接速度范围与之对应。若速度过高，会导致焊不透；若速度过低，又会使材料过量熔化，焊缝宽度急剧增加，甚至导致烧穿和焊穿。

2. 激光光束直径

激光光束直径是一个基本的物理量，用来描述激光光束在某一横截面的尺寸。对于高斯光束模型，在入射功率一定的情况下，光斑尺寸决定了功率密度的大小。激光束腰是指光束在空间中某个位置上的横截面强度达到最大值的区域。束腰半径是指这个强度的最大点，光强下降到最大值的 $1/e^2$ 时的光束半径。束腰是激光光束在理想聚焦或准直状态下的最小光斑尺寸。在聚焦激光系统中，通过调整透镜或其他光学元件，可以使光束在焦点附近达到束腰，此时光斑尺寸最小，能量密度最高。

对高斯光束的直径定义为光强下降到中心值

的 1/e 或者 $1/e^2$ 处所对应的直径，前者包含略多于 60% 的总功率，后者则包含 80% 的总功率。

3. 激光脉冲宽度

激光热传导焊接中，激光脉冲宽度与焊缝深度有直接关系，也就是说，脉冲宽度决定了材料熔化的深度和焊缝的宽度。据文献记载，熔深的大小随脉宽的 1/2 次方增加。不过，热传导型激光焊接时，熔深常小于 1mm，这是由于热传导过程的限制，而且金属表面只能达到熔化程度，所以熔深不会太大。如果单纯增加激光脉冲宽度，只会使焊缝变宽、过熔，引起焊缝附近的金属氧化、变色甚至变形。因此，特殊要求较大熔深时，可使聚焦镜的焦点深入材料内部，使焊缝处发生轻微打孔，部分熔化金属有气化飞溅现象，使焊缝深度变大，此时，焊缝表面平整度可能稍差。必要时，改变离焦量重复焊接一遍，可使焊缝表面光滑美观。

焊接薄板或仪表外壳等一般零件时，激光脉

冲宽度以选择 2~3ms 为宜。在大多数情况下，焊接过程配合适当的气体保护，能够得到完美焊缝。但是，这需要灵活掌握，如果被焊材料是细丝或金属膜片，焊接区域总体热容量很小时，激光脉冲宽度就不能太大。此时要综合考虑热影响区的大小，要考虑光斑照射区域是否能承受脉冲持续时间所提供的总能量。例如，用 2~3ms 的激光脉冲宽度的激光焊接仪表外壳时效果很好，但用同样的参数去焊接薄金属膜片或细金属丝时，有可能光斑所到之处，金属全部气化蒸发，无法焊接。因此，脉冲宽度的选择，首先考虑常规经验参数，其次也要结合被焊工件的材质、尺寸、形状，最后综合考虑脉宽与脉冲能量的大小，实质上还是激光功率密度起到了决定作用。

当脉宽在 1ms 以下时，为了焊接牢固，往往会提高单脉冲能量，同等离焦量下可能会出现材料气化、打孔、飞溅等现象，焊接效果不好。此时，适当地调整离焦量，也可以得到美观的焊缝。但这种情况，焊缝较细，熔深也浅，只在焊接精密细小零件时才可用。氙灯泵浦的脉冲 YAG 激光器，泵浦灯的单次注入能量不能过大，一般 YAG 激光器最大脉冲宽度为 10~12ms，个别激光器也有达到 20ms 的。

4. 焦点位置

激光器发出高斯光束，在光学系统中按照高斯光束传播变换的规律行进。激光束经过聚焦透镜后，会出现束腰，即最小光斑，最小光斑处就是激光束焦平面位置，这是激光功率密度最大的区域。对于能够正常焊接的激光功率（或脉冲能量），在焦平面处的激光功率密度往往已经超过激光焊接所需的功率密度，在焦点位置焊接，可能会出现金属气化、熔渣飞溅或打孔现象。正确的焊接工艺是使焦平面离开工件表面一小段距离，这个距离称为离焦量。以工件表面为准，焦平面深入工件内部称为负离焦，焦平面在工件之外称为正离焦，如图 8 所示。

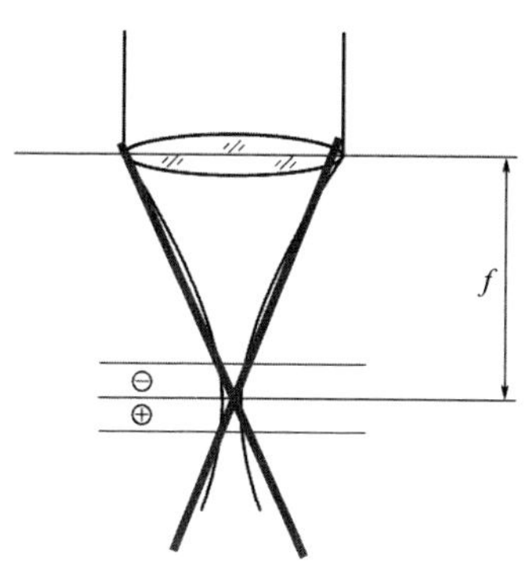

图 8　焦平面示意图

在焦平面处激光光斑最小，因而熔斑也小。离焦后，熔斑稍大，形成的焊缝也稍宽，而这时激光功率密度处于适合焊接的范围，焊缝金属充分熔化，但不至于气化，焊接过程中等离子体火焰大小适中，没有火花的飞溅，没有过多的气化。当然，参数的正确选择是综合性的，不是某一个参数就能使焊接效果完美。通过离焦量控制激光功率密度非常方便，希望熔深较大时，应用负离焦。一般对熔深要求不高时最好用正离焦，这样很容易获得牢固美观的焊缝。实际焊接过程中，经常是激光器的各项参数设置完毕后，再通过微调离焦量，来达到完美的焊接效果。

离焦量的选择和聚焦镜的焦距数值大小有关，焦平面处的光斑尺寸 D 与聚焦镜的焦距 F 和激光束的发散角 θ 有关，即

$$D=F\theta$$

当激光器工作条件确定后，它的发散角就是一个确定值，最小光斑的尺寸正比于焦距 F。焊接 0.5~1mm 厚钢板时，聚焦镜焦距通常是 100~200mm，对光斑尺寸要求并不十分严格，因而离焦量的选取也有较大的范围。然而，激光焊接金属膜片时，要求熔斑直径小，聚焦镜的焦距也小，在这种情况下，离焦量的选择要谨慎，离焦量不宜太大。

第二讲

激光焊接结构设计及工艺性

一、激光焊接接头结构

1. 焊接接头结构

焊接接头就是用焊接方法连接起来的不可拆卸接头。它由焊缝、熔合区、热影响区及其邻近的母材组成。在焊接接头结构中，焊接接头通常要承担两方面的作用：一是连接作用，即把被焊接工件连接形成一个整体；二是传力作用，即传递被焊接工件所承受的载荷。

在航天产品的焊接加工中，焊接接头更是起着非常重要的作用，因此对焊接接头的质量要求更加严格，也对焊接接头的结构设计提出了更高的要求。所有的焊接接头都将承担连接作用，或多或少地承担传递载荷作用。焊缝与被焊接工件并联的接头，焊缝传递很小的载荷，焊缝一旦断裂，结构不会立即失效，这种接头叫作联系接头，焊缝被称为联系焊缝；焊缝与被焊工件串联的接头，焊缝传递被焊工件所承受的全部载荷，焊缝一旦断裂，结构就会立即失效，这种接头叫作承载（工作）接头，焊缝被称为承载（工作）焊缝。此外，还有一种双重性接头，焊缝既要起到连接作用，又要起到承担一定工作载荷的作用，这种焊缝叫作双重性焊缝。联系焊缝所承受的应力被称为联系应力；承载（工作）焊缝承受的应力被称为工作应力；双重性焊缝既有联系应力又有工作应力。性能设计时，联系焊缝无须计算焊缝强度，承载（工作）焊缝的强度必须计算；双重性接头只计算焊缝的工作应力，而不考虑联系应力。

航天工业中根据受力情况、重要程度和可靠性，将焊接接头等级分为Ⅰ级、Ⅱ级、Ⅲ级。Ⅰ级、Ⅱ级接头应在设计文件中注明，未注明的为Ⅲ级接头。不同等级接头对接头的质量提出了不同程度的要求。接头说明如下。

（1）Ⅰ级接头：适用于承受很大的静载荷、

动载荷、交变载荷。接头破坏会导致系统失效，重要零、部、组件损坏或失灵，或危及人员的生命安全。

（2）Ⅱ级接头：适用于承受较大的静载荷、动载荷、交变载荷。接头破坏会降低系统的综合性能，但不会导致系统失效，也不会危及人员的生命安全。

（3）Ⅲ级接头：适用于承受小的静载荷或动载荷的一般焊件。

焊接接头结构设计的工艺性需要充分考虑产品结构特点、材料焊接特性、焊接接头工作条件和经济性等。

焊接作为现代理想的连接加工方法，与其他连接加工方法相比，具有许多明显的优点，但在许多情况下，焊接接头又往往是焊接结构的薄弱环节。焊接接头的明显优点有：

（1）承载的多向性——特别是焊透的熔焊接

头，在承受各向载荷的作用上具有优异的表现。

（2）结构的多样性——能很好地满足不同几何形状、不同尺寸、不同材料类型结构的连接要求，材料的利用率高，接头所占空间小。

（3）连续的可靠性——现代焊接和检验技术水平可保证获得高质量、高可靠性的焊接接头，是现代各种金属结构特别是大型结构理想的、不可替代的连接方法。

（4）加工的经济性——施工难度低，可实现自动化，检查维护简单，制造成本较低。

焊接接头的明显缺点有：

（1）几何上的不连续性——接头在几何上可能存在突变，同时可能存在的各种焊接缺陷如气孔裂纹等会引起应力集中、减少承载面积，导致形成断裂源。

（2）力学性能上的不均匀性——接头区不大，但可能存在脆化区、软化区及各种劣质造成的低性能区。

（3）存在焊接变形与残余应力——接头区常常存在角变形、错边等焊接变形和接近材料屈服应力水平的残余内应力。

按照之前反馈的更改，焊接接头可以分为对接接头、T 形接头、搭接接头、角接接头和端接接头。

其中，激光焊接一般采用的焊接接头形式为平头对接、带锁底对接、止口对接形式（见图 9）。

（1）对接接头是指把在同一平面上的两个被焊工件对接焊接所形成的接头。从受力角度看，对接接头是比较理想的接头形式，与其他类型接头相比，它的受力状况较好，应力集中程度较小。若结构需采用熔焊方法焊接，该种接头形式是优先选用的接头形式。焊接对接接头时，为了保证焊接质量、减少焊缝变形和焊接材料消耗，往往需要根据板厚或壁厚的不同，把被焊工件的对接边缘加工成各种形式的坡口，然后进行坡口对接焊。

（2）T形接头（包括斜T形和三联接头）及十字接头是把互相垂直的或呈一定角度的两个或多个被焊工件用角焊缝连接起来的接头。这种接头有多种类型，如不开坡口的T形接头及十字接头。根据熔焊方法不同及设计要求来决定是否焊透，开坡口的T形接头及十字接头是否焊透要看设计要求。

（3）搭接接头是把两个被焊工件部分重叠在一起或加上专门的搭接件，用角焊缝或塞焊缝、槽焊缝连接起来的接头。搭接接头的应力分布不均匀，疲劳强度较低，不是理想的接头类型。

（4）角接接头是两个被焊工件间构成大于30°、小于135°夹角的端部进行连接的接头。角接接头多用于箱形构件上。其承载能力视连接形式及所在结构受力不同而各异。

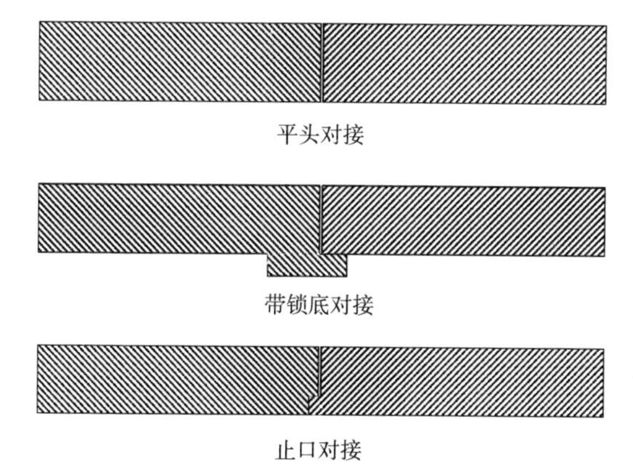

图 9　激光焊接常用接头形式

（5）端接接头是两个被焊工件重叠放置或两个被焊工件之间的夹角不大于30°，在端部进行连接的接头。这种接头通常用于密封条件。

2. 焊接接头设计原则

焊接结构的破坏往往起源于焊接接头区，这除了受材料选择、焊件结构制造工艺的影响，还与焊接接头的设计有关。在进行焊接接头设计时，主要应该综合考虑以下 4 个方面的因素。

（1）设计要求——结构在正常使用条件下必须达到所要求的使用功能和预期效果。

（2）焊接的难易与焊接变形——焊接容易实现，变形较小且能够控制。

（3）接头的工艺性——应该是能够焊接施工的结构，所选用的金属材料既有良好的焊接性，又有良好的焊前预加工性能和焊后热处理性能；所设计的结构应具有焊接和检验的可达性，并易于实现机械化和自动化焊接。

（4）经济性——制造该结构时所消耗的原材料、能源和工时应最少，其综合成本低。

（5）施工条件——制造施工单位应具备完成施焊所需的技术、人员和设备条件。

二、激光焊接结构设计

1. 焊接结构设计注意事项

（1）焊接件所用的材料应具有可焊性，宜选用成熟材料；焊接结构材料应尽可能选用同牌号金属材料。铝合金焊接构件，不应选择 2XXX 或者 7XXX 系材料进行熔焊，因为该材料在采用高能束焊及氩弧焊时有形成晶间裂纹的倾向，且接头焊接性能损失严重。

（2）一些支架类钢制拼焊零件，在满足设计强度的前提下，应选择碳当量小的钢种。

（3）对焊接受热时腔内产生正压的封闭焊缝，禁止在不开排气孔的情况下施焊。因为内部气体受热后产生正压，易导致焊缝熔合不良，且易造成焊缝金属喷溅伤人。产品焊缝设计时应避免形成封闭舱体施焊，或者产品和工装应开工艺孔，确保内腔排气通道通畅。

（4）结构件焊接，不宜采用十字交叉焊接接头。因为焊接接头局部容易产生较大的焊接残余应力和应力集中，存在质量隐患。设计时应避免焊缝十字交叉，焊接时应避免在交叉处起弧、收弧。

（5）装配加胶后不宜在用胶位置进行熔焊焊接。因为易产生气孔、夹渣、未熔合等焊接缺陷。应严格控制胶体使用，避免影响熔焊焊接。

在设计焊接接头时，设计人员除了考虑上述原则，还需注意接头的可达性、可检测性。

（1）熔焊接头焊接时，为保证获得理想的接头质量，必须保证很方便地到达待焊区域及位置，不会出现与设备等干涉的问题。

（2）接头的可检测性。接头的可检测性是指接头检测面的可接近性和接头几何形状与材质的检测适宜性。焊接接头质量要求越高的接头，越要注意接头的可检测性。射线检测的可接近性是指胶片的位置能使整个焊缝处于检测范围内，并使可能出现的缺陷成像。从缺陷扫查、缺陷定量定位以及检测的可靠性出发，超声波检测往往要求尽量进行双向探测，这是因为有些缺陷从一个方向进行显示，不如从另一个方向显示更容易、更清晰，或者可从两个方向进行互补。因此，对于板厚不等和管壁与底座的对接接头，应该选择适当的板（壁）厚过渡区。

此外，在工程实践中，还建议注意以下 4 点。

（1）对于易错装零件，应在设计环节采取措施避免。

（2）对清洁度有要求的产品，其产品结构应有利于多余物的控制方法及清理。

（3）封闭结构应根据焊接方法的选择预留排气孔。

（4）装配可操作性，装配配合面尽量选择有较大操作空间的部位，便于人员操作。

2. 典型焊接结构设计优化实例

（1）采用激光或者电子束焊接的结构，接头形式尽可能设计为锁底对接形式，以保证焊前装配、定位精度，同时可避免焊后焊缝表面凹陷。带锁底形式的焊接结构，根部应清根，不应倒角、倒圆。如图 10、图 11 所示，为不合理的无锁底不等厚对接接头及结构示意图。

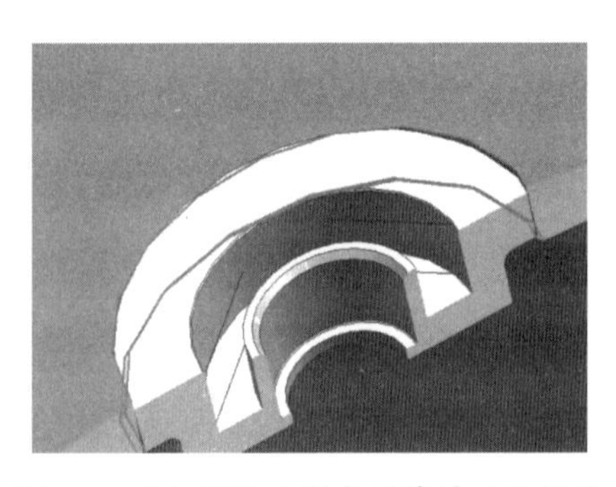

图 10　不合理的无锁底不等厚对接接头

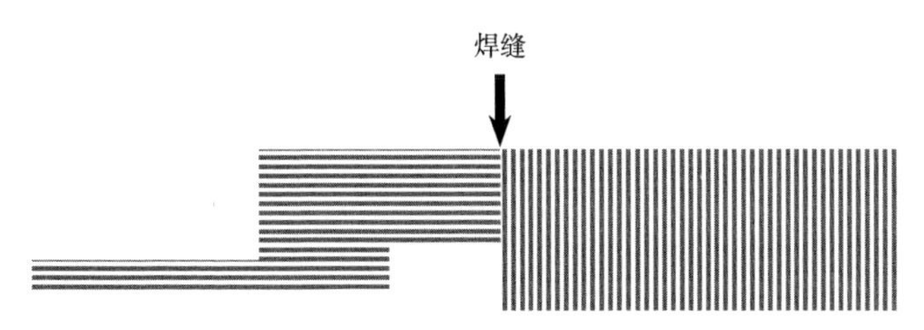

图 11　不合理的无锁底不等厚对接接头结构示意图

无锁底不等厚对接，装配、定位精度难以保证，且焊后正面易发生凹陷缺陷。采用锁底对接形式，可起到装配定位的作用，并且应保证焊接根部清根（见图 12）。图 13 为不清根结构示意，接头根部存在 R 角引起的锁底根部间隙，容易引发焊接缺陷，并在 X 射线检验中产生不良影像。

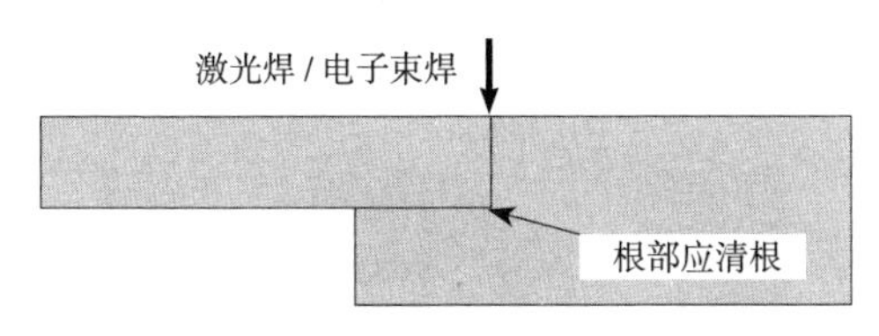

图 12　正确的接头形式

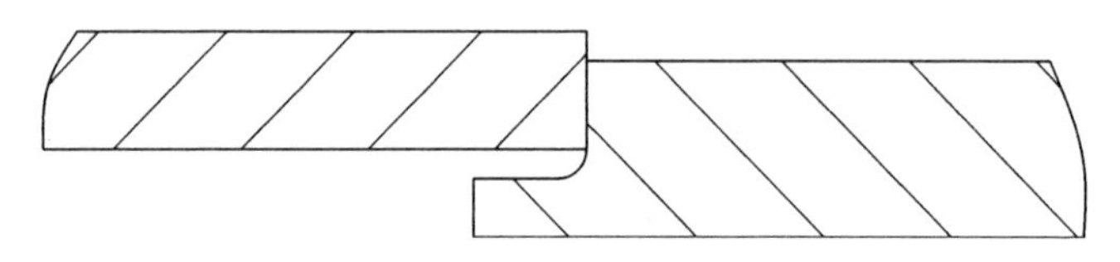

图 13　接头根部存在 R 角引起的锁底根部间隙

（2）焊接位置需要可达。焊接位置需具备可达性，如某产品内部的直角焊缝，如图 14 所示，直角根部激光焊接不可达；此外横向焊缝距侧壁极近，激光加工头受侧壁遮挡，激光焊接工作距离达不到焊缝。如另外一产品焊缝受上部端框突出的部位遮挡，如图 15 所示，导致焊缝不可达。深 U 形接头结构，如图 16 所示，需特殊的激光焊接设备才能保证进行焊接。

焊接位置是否可达需根据产品实际结构尺寸以及所使用的激光焊接设备进行具体分析。

图 14　直角根部激光焊接不可达

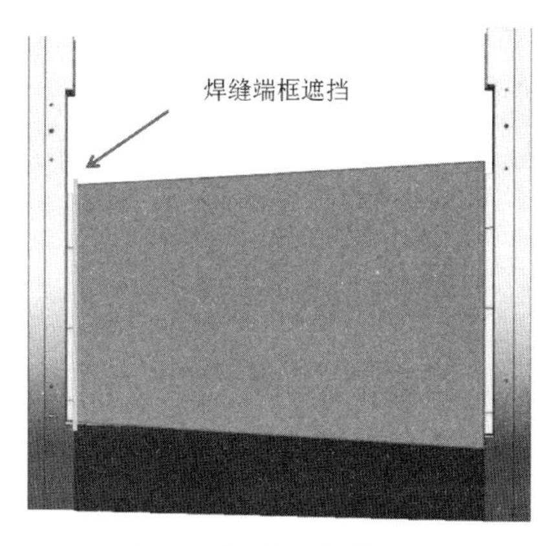

图 15　焊缝上部受遮挡

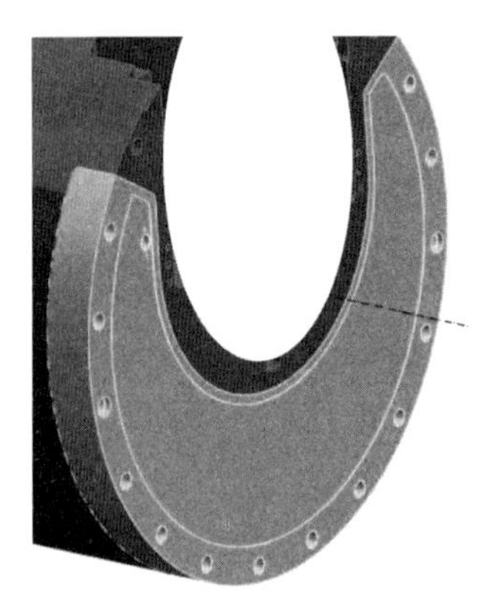

图 16 深 U 形接头结构

某产品存在深 U 形接头结构，U 形结构内壁两侧的焊缝在焊接过程中为变厚度，焊缝质量很难保证。类似的结构形式，应满足设备能力，如结构的焊缝高度及跨度应不超过焊接设备的极限，若超过应增加工艺分离面。

（3）在满足强度要求的前提下，尽可能减少对接接头厚度，控制焊接变形。

（4）设计结构焊缝厚度尽可能一致，不应存在厚度突变。焊缝应采用至少不小于设备能力达到的圆角，避免直角或锐角等容易引起应力集中的焊缝设计。如图 17 所示。

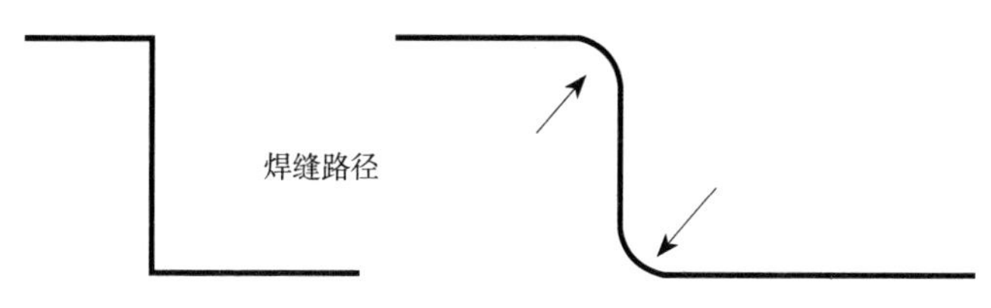

图 17 焊缝路径应避免直角，选用设备可达的倒角

例如，某产品铸件与端框对接厚度存在 10~15mm 的突变区域，如图 18 所示，且此区域位于拐角处，焊接易发生未焊透缺陷，并产生应力集中而导致裂纹产生。类似的结构形式，尽量设计成为等厚度接头或者渐变厚度接头（远离应力集中部位）。

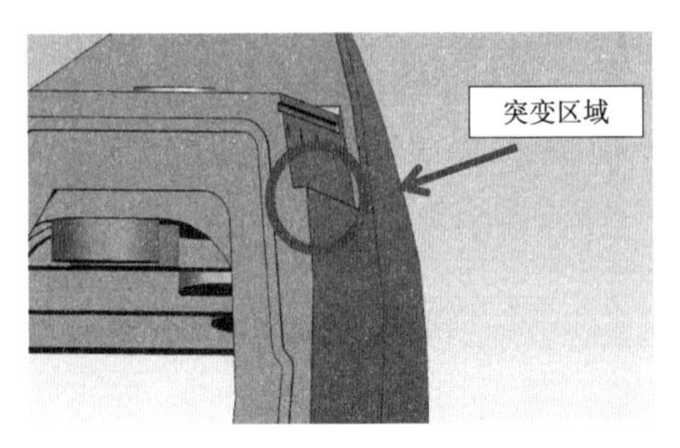

图 18　厚度突变部位

（5）受力严酷或承受交变载荷的位置应避免采用角焊缝，针对承受严酷载荷和交变疲劳载荷的结构，避免采用角焊缝、搭接焊缝等焊缝形式，建议采用对接焊缝结构。如图 19 所示，为出现质量问题的角焊缝。

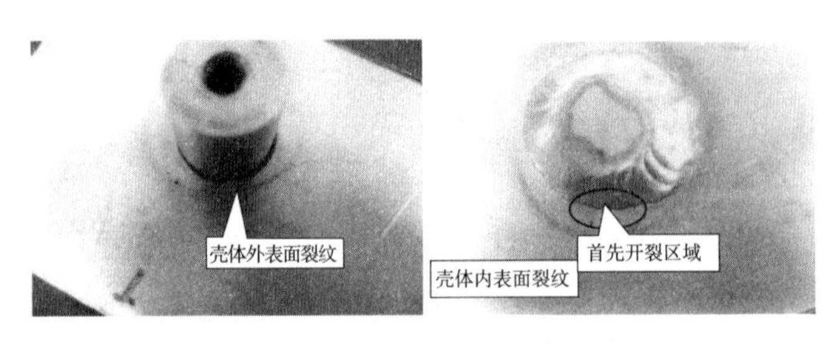

图 19　出现质量问题的角焊缝

第三讲

激光焊接设备与工装

一、激光焊接工艺设备系统组成

1. 激光焊接设备组成

激光焊接设备主要包括激光器、光学系统和偏转聚焦系统、工件定位系统、气源（保护气体）、喷嘴、焊接机、工作台、操作盘、电源和控制系统等。激光焊接设备的核心是激光器，它由光学振荡器及放在振荡器空穴两端镜间的介质组成。介质受到激发至高能状态时，开始产生同相位光波且在两端镜间来回反射，形成光电的串结效应，将光波放大，并获得足够的能量而开始发射出激光。

激光焊接设备主要组成如图 20 所示。

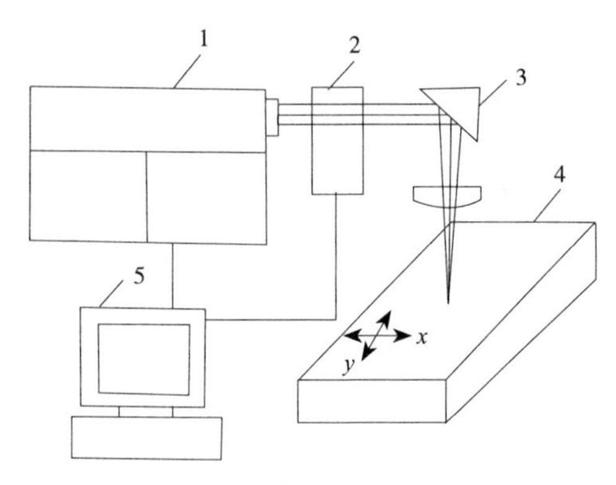

1. 激光器　2. 光学系统　3. 偏转聚焦系统
4. 工件定位系统　5. 控制系统

图 20　激光焊接设备主要组成

（1）激光器

激光器是激光焊接设备的核心部分，提供焊接所需的能量，对激光器的要求是稳定、可靠，并且能长期正常运行。

（2）光学系统

激光器产生的激光束需要通过光学系统进行聚焦和调节，达到所需的焊接效果。激光焊接头为光学系统中重要的组成部件，作为激光最终的输出单元，实现调整焦距、工作距离，从而获得合适的光斑尺寸。激光焊接头主要组成部分有激光聚焦单元、导入单元、保护气导入和分配单元、冷却系统、透镜保护系统等。

（3）气源（保护气体）

保护气体对于激光焊接而言是必要的。在大多数激光焊接过程中，保护气体都是通过特殊的喷嘴输送到激光辐射区域。常用的保护气体为氩气。

（4）喷嘴

喷嘴一般设计成与激光束同轴放置，常用的喷嘴形式是从激光束侧面将保护气体送入。典型的喷嘴孔径为 4~8mm，喷嘴到工件的距离为 3~10mm，气体流量为 8~30L/min。

为使激光焊的光学元件免受焊接烟尘和飞溅的影响，可采用横向喷射式喷嘴结构，基本思路是将气流垂直穿过激光束，用于吹散焊接烟尘或是利用高动能使金属颗粒转向。

（5）控制系统

包括工控机、PLC 电气控制箱等，控制激光器和光学系统的运行以及焊接参数的设置。

（6）机械运动系统

机器人作为焊接工作的执行装置，与激光工作头、激光源等其他设备进行通信、控制、配合，完成焊接工作。

（7）工件定位系统

焊接时需要对工件进行精确定位，以确保焊接质量。工件定位系统主要包括夹具装置、传动机构和运动控制系统。

2. 典型激光焊接系统与设备

典型激光焊接系统与设备是实现材料或零件加工的必要条件，通常由激光器、运动轨迹控制系统和控制软件系统三部分组成。如图 21 所示。

该焊接系统主要由焊接激光器、机器人、变

位机、龙门系统、焊缝跟踪系统、焊接夹具系统、控制系统等组成，可实现大尺寸、复杂型面钛合金、铝合金、高温合金等材料的激光焊接。

图 21　典型激光焊接系统与设备

设备选用的激光器为固体光纤激光器，最大输出功率为 10kW，配备摆动焊接头，具备激光束摆动功能，可针对不同的材料及工艺选择多种摆动模式；配置的工业机器人为高精度 6 轴关节式机器人，工作半径≥ 2000mm，最高负载 60kg，并且可与双轴变位机及龙门系统集成为 9 轴运动系统；配置高精度焊缝跟踪系统，能够实现 0.1~1mm 间隙的对接、角接、搭接接头等常见的焊接接头形式的焊缝跟踪，与机器人系统协调控制，可进行三维空间曲线及平面曲线的焊缝轨迹跟踪。控制系统能够实现对激光焊接系统的协调控制，操作平台含总控 PC 机，通过平台上的人机界面可以对系统参数及激光参数进行设定和操作，所有的工艺参数在 PC 机和机器人控制系统上均可以实现，生产时可获得系统工作信息和工艺参数，进行状态和参数监测，并实现对数据的在线采集。

二、激光焊接工装

1. 激光焊接工装的作用

随着制造技术和生产水平的进步，航天飞行器焊接结构正朝着（超）大型、高容量、高精度、高性能的方向发展。除采用质量更高、性能更好的各种焊接装备、焊接材料和制定正确的焊接工艺外，设计和采用合适的激光焊接工装，也是使焊接生产实现机械化和自动化、减少人为因素的干扰，保证和稳定焊接质量、提高生产效率的有力保障。

航天产品具有结构复杂、薄壁弱刚性的结构特点，此外，激光焊接对焊前装配精度要求极高。为了保证焊接精度、减少焊接变形，生产过程中需要采用焊接工装，实现装配固定、夹紧、变形控制，以及与变位机的连接固定等功能。

焊接工装的作用主要有以下 4 个方面。

（1）准确、可靠的定位和夹紧，可以减小制品的尺寸偏差，提高零件的精度和互换性。

（2）有效地防止和减小焊接变形，从而减轻焊接后的校形矫正工作量，提高劳动生产率。

（3）使工件处于最佳的施焊部位，焊缝的成形性良好，工艺缺陷明显降低，可获得满意的焊接接头，焊接速度得到提高。

（4）以机械装置完成手工装配零部件时的定

位、夹紧及工件翻转等繁重的工作，改善工人的劳动条件。

因此，无论是在焊接车间还是在施工现场，焊接工装均已成为焊接生产中不可缺少的装备之一，从而获得了越来越广泛的应用。

2. 激光焊接工装的定位原理

焊接工装的定位以及基准至关重要。在装配过程中，把待装零、部件的相对位置确定下来的过程称为定位。通常的做法是先根据焊接结构特点和工艺要求选择定位基准，然后考虑它的定位方法。

在夹具上装配时，常使用定位器进行定位，既快速又准确。定位器是夹具上用以限定工件位置的器件，如支承钉、挡铁、插销等。它们必须事先按定位原理、工件的定位基准和工艺要求在夹具上精确地布置好，然后每个被装零、部件按一定顺序“对号入座”地安放在定位元件所规定的位置上（彼此必须发生接触），即完成定位。

确定位置或尺寸的依据叫基准，基准可以是点、线或面。按用途，基准可分为设计基准和工艺基准。工艺基准又分为定位基准、装配基准和测量基准等。而定位基准按定位原理可分为主要定位基准、导向定位基准和止推定位基准。选择定位基准时需着重考虑以下 6 点。

（1）定位基准应尽可能与焊件设计基准重合，以便消除由于基准不重合而产生的误差。当零件上的某些尺寸具有配合要求时，如孔中心距、支承点间距等，通常可选取这些地方作为定位基准，以保证配合尺寸公差。

（2）应选用零件上平整、光洁的表面作为定位基准。当定位基准面上有焊接飞溅物、焊渣等不平整时，不宜采用大基准平面或整面与零件相接触的定位方式，而应采取一些突出的定位块，以较小的点、线、面与零件接触的定位方式，有利于对基准点的调整和修配，减小定位误差。

（3）定位基准夹紧力的作用点应尽量靠近焊缝区。其目的是使零件在加工过程中受夹紧力或焊接热应力等作用所产生的变形最小。

（4）可根据焊接结构的布置、装配顺序等综合因素来考虑。当焊件由多个零件组成时，某些零件可以利用已装配好的零件进行定位。

（5）常以产品图样上或工艺规程上已经规定好的定位孔或定位面作为定位基准；若图样上没有规定，则尽量选择图样上用以标注各零、部件位置尺寸的基准作为定位基准，如边线、中心线等；当零件或部件的表面上既有平面又有曲面时，优先选择平面作为主要定位基准。

（6）应尽可能使夹具的定位基准统一，这样便于组织生产和有利于夹具的设计与制造。尤其是产品的批量大，所应用的工装夹具较多时，更应注意定位基准的统一。

第四讲

典型构件高性能激光焊接实例

一、铝合金耐压储油舱体类结构件激光焊接

1. 结构特征及焊接难点

耐压储油舱体类结构件较多地采用钣焊结构，主体结构为骨架，骨架外覆盖一层蒙皮，通过焊接的方式将钣金件连接在一起形成密封结构，材料一般采用5A06、ZL114A等铝合金。这样既保证了构件的结构强度，又可以大大减轻构件的重量。耐压储油舱体类结构件可以采用激光或激光—电弧复合焊接连接成型。本节主要介绍耐压储油舱体类结构件的激光—电弧复合焊接工艺。耐压储油舱体类结构件空间结构复杂，焊缝数目多，多为空间曲线焊缝，焊接质量和变形控制一直是该类结构件面临的首要难题。

2. 激光—电弧复合焊接工艺

采用激光与电弧的复合方式既可以充分发挥两种热源的优势，又相互弥补了对方的不足，形成了一种高效的热源，是一种优质、高效、节能

的焊接方法。激光—电弧复合焊接在德国、日本等发达国家已先后进入工业化应用阶段。激光-MIG复合焊接是目前应用广泛的复合热源焊接方法之一，在汽车、船舶、航空航天等领域都已经得到应用，兼顾两者优点的同时，还可以提高焊接熔深、增强适应性、改善焊缝冶金和组织性能。

激光-MIG复合焊接系统如图22所示，MIG焊丝及保护气体以一定的角度倾斜送入焊接区，激光束从上方以一定的角度入射焊缝中心。通过控制系统控制机器人及焊接单元，完成整个焊接过程。焊接场所的温度一般应保持在15℃~35℃，不允许有穿堂风，相对湿度应保持在70%以下，以免焊接过程中产生气孔、裂纹等缺陷。

图 22　激光 –MIG 复合焊接系统

（1）工艺要求

铝合金激光 –MIG 复合焊接时激光入射与接头方向偏转 3°~10°；待焊件焊接接头对接面应平整、光洁，无毛刺、压坑及划伤等缺陷；待焊区域内外表面不允许有油污、漆、锈、氧化皮等，确保待焊区洁净。

（2）工艺流程

铝合金激光 –MIG 复合焊接工艺流程如图 23 所示。

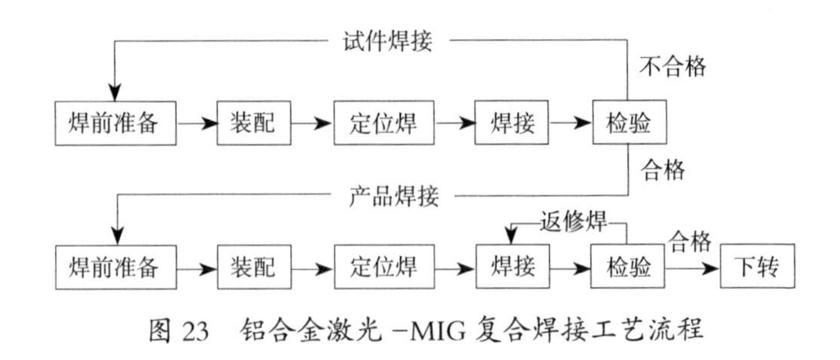

图 23 铝合金激光 -MIG 复合焊接工艺流程

（3）耐压储油舱体装配

①骨架的装配维形。骨架的焊接装配，主要通过三维可调式芯轴顶杆压板复合结构的焊接工装进行保证。焊前试装配完成后，对零件进行酸洗、烘干和打磨，然后对骨架进行正式维形，并通过高度规检测上下平面的平行度，装配过程中不断调整工装对每根梁的约束状态，最终使产品的外形尺寸满足要求。

②蒙皮的装配。骨架机加出焊接止口，蒙皮经酸洗、烘干、打磨后与其进行装配。装配过程中采用专用的卡箍进行压紧，骨架内部依然采用

支撑保持维形。其装配条件允许范围如表 2 所示。

表 2　铝合金激光 –MIG 复合焊接装配条件允许范围

<table>
<tr><td rowspan="2">母材厚度 /mm</td><td colspan="2">装配条件</td></tr>
<tr><td colspan="2">最大阶差</td></tr>
<tr><td>2.0 ~ 3.0</td><td>0.1δ</td><td rowspan="2">任意 100mm 内最大阶差累计长度不大于 30mm</td></tr>
<tr><td>3.0（不含）~ 6.0</td><td>0.5δ</td></tr>
</table>

（4）耐压储油舱体定位焊及焊接

采用激光 –MIG 复合焊点固，也可采用激光焊或氩弧焊点固。定位焊要求如下：①尽量对称进行定位焊，并尽可能在夹具中进行。②焊件应力集中部位和焊缝交叉处不允许进行定位焊。③定位焊点与两端头距离应大于 20mm。焊件有孔时，定位焊点与孔边缘的距离应大于 10mm。④若接头两面都要定位焊时，定位焊点应错开，不允许重合。⑤根据母材的厚度，一般定位焊的长度在 5~80mm 内选择，间距一般在 25~500mm 范围内。⑥正式施焊前应清理定位焊点。定位焊点不允许有裂纹、烧穿、焊瘤、氧化等缺陷。若出现上述缺陷必须排除，重新进行定位焊。

定位焊时，在装配好卡箍的状态下，通过水平尺将上下平面调平，然后采用激光焊进行定位焊，采用尽量多的定位焊点，在卡箍拆除后，蒙皮依然能够和骨架保持紧密的贴合，不会出现局部凸起，焊接间隙和错位都能够满足激光 –MIG 复合焊接的要求。焊接耐压储油舱体，正式焊接前应检查激光 –MIG 复合焊接相关设备，设备应运转正常，保护气、冷却水系统状态良好。

（5）质量检测

焊接后采用人工贴片方式对焊缝逐一进行 X 光检测。对能够内部贴片的部位，采用单壁单投影的方法进行 X 光检测；对于封闭腔体，采用双壁单投影的方法对指定焊缝进行 X 光检测。焊接接头按 QJ 2698 标准要求进行检测，焊后接头内部无裂纹、夹渣、未熔合、未焊透等缺陷，满足设计要求。耐压储油舱体焊接完成后，进行了压力为 0.075MPa、保压 25min 的气密试验，无泄压，气密试验合格。

6mm 厚度的 5A06 铝合金激光 -MIG 复合焊接头如图 24 所示，接头抗拉强度在 259MPa 以上，为母材的 82.2%，在母材的 80% 以上。

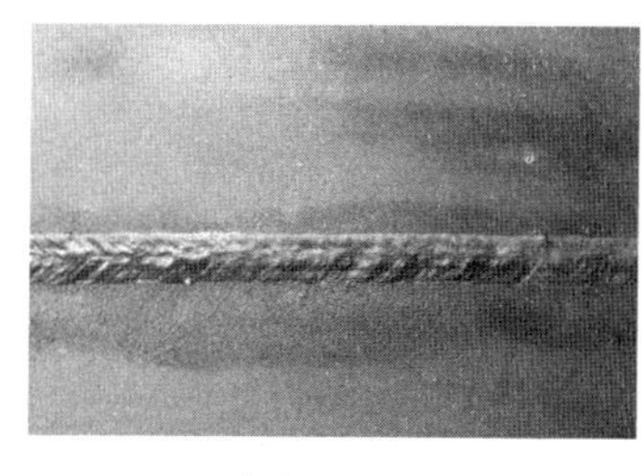

（a）焊缝正面

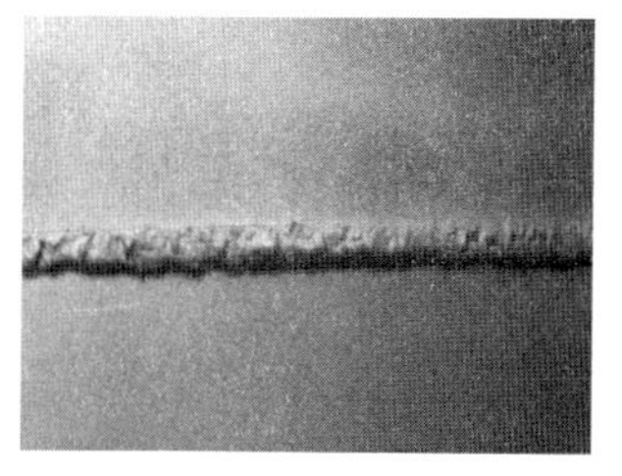

（b）焊缝背面

图 24　5A06 铝合金激光 -MIG 复合焊接头

热影响区为细颗粒状组织或细枝晶组织，焊缝区在焊缝中心部为细枝晶组织，如图 25 所示。

（a）热影响区

（b）焊缝中心

图 25　5A06 铝合金接头金相组织

5A06 铝合金激光 –MIG 复合焊接工艺规范已在铝合金钣焊结构耐压储油舱体的焊接中进行了应用，该技术主要是针对蒙皮和骨架装配间隙较大的部位以及焊缝凹陷的部位进行，能较好地解决该耐压储油舱体装配精度较差、铝镁合金激光焊时容易出现下凹等问题，对实现该耐压储油舱体产品的研制发挥了较好的作用，提升了航天装备先进制造技术能力和水平。

二、钛合金贮箱类产品激光焊接

1. 结构特征及焊接难点

火箭、卫星等航天装备用的钛合金贮箱制造结构复杂、稳定性差、成本高。由于该贮箱为大型薄壁结构件（如图 26 所示），存在薄板钛合金激光焊接参数裕度较小、容易造成未焊透或击穿缺陷、精度难以保证焊接装配间隙及阶差要求、焊后变形难以控制等问题。因此，要控制结构件焊接过程中热影响区的分布，根据焊接要求进行

图 26 贮箱产品结构示意图

工艺及装备研究，以实现热变形的有效控制，来保证焊接强度和焊合率。

2. 激光焊接工艺

以 1mm 厚 TC4 板材替代上壳体、以 1mm 厚 TA1 板材替代膜片及以 2mm 厚 TC4 板材替代支撑环，进行超薄壁板的典型结构工件的激光焊接试验。焊接前，首先对待焊钛合金试板进行化学酸洗，并对试板焊缝周边区域表面进行机械打磨，然后经无水乙醇清洗并吹干，以清除表面的氧化膜、油脂、灰尘等杂质，避免其对试验结果产生影响。焊接后，对获得的接头按照标准《钛及钛合金激光焊接技术要求》（QJ 20465—2016）中关于Ⅰ级接头的要求进行外观及内部质量检测。

对钛合金试板激光焊接后，用无水乙醇将焊缝表面擦拭干净，采用目视观察的方法检查焊缝表面质量，如图 27 所示为钛合金激光焊焊缝，焊缝整体呈银白色，焊缝表面未见可视飞溅、裂纹、烧穿、气孔及夹杂物等缺陷。接头外观质量满足航天标准《钛及钛合金激光焊接技术要求》中“4.3 外观质量”的要求。

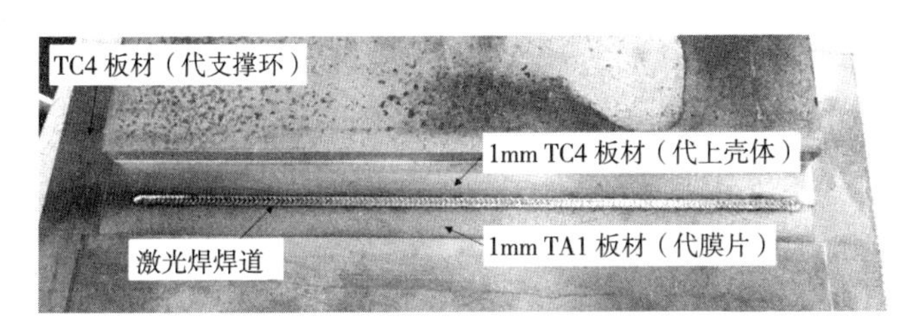

图 27 钛合金激光焊焊缝

对钛合金激光焊接接头进行 X 射线检测，4 道焊缝内部均无链状气孔、夹杂物、裂纹、未熔合或未焊透等缺陷。接头内部质量满足航天标准《钛及钛合金激光焊接技术要求》中“4.4 内部质量”的 I 级接头要求。

TC4 钛合金母材的抗拉强度为 795~826 MPa，获得的钛合金试板激光焊接接头平均抗拉强度为 786~835 MPa，抗拉强度超过母材强度下限的 90%，满足航天标准《钛及钛合金激光焊接技术要求》中“4.2 力学性能”的Ⅰ级接头要求：不低于母材强度极限下限值的 90%。

采用最优工艺参数，对 90L 贮箱的超薄壁板结构产品进行激光焊接，焊缝表面呈淡金黄色金属光泽，成形良好，表面未见任何飞溅、凹坑、咬边、裂纹等缺陷，表面质量合格。对焊缝进行 X 射线探伤检测，焊缝内部未见任何超标缺陷，满足航天标准《钛及钛合金激光焊接技术要求》中“4.4 内部质量”的Ⅰ级接头要求，合格。

如图 28 所示为贮箱产品整体激光焊接实物，经检测，全部焊缝均一次焊接合格，高度检测通过高度规完成，质量承重通过精密悬挂秤完成，以上技术指标均满足产品要求，整体焊接合格。

图 28　贮箱产品整体激光焊接实物

后　记

随着当前技术的更新和发展，激光焊接技术不再是一种单纯意义上的加工制造技术，已发展成为激光技术、材料冶金、结构力学、自动化、计算机等多学科集成的工程制造技术，显现出极高的技术附加值。激光焊接技术的发展方向更趋于加工过程的自动化和智能化、复合束源和集成化，并朝着高品质、高功率、高效率、多功能和结构功能一体化方向发展。随着其在航天领域及其他领域的应用愈加广泛和成熟，激光焊接技术必将成为我国航天工业和其他军工领域传统制造业改造升级不可或缺的重要技术。

《周礼·冬官考工记》中对工匠的记载：“知

者创物，巧者述之守之，世谓之工。”在我国由制造大国迈向制造强国，大力发展自动化与智能化的进程中，“工匠精神”仍是这个时代不可缺失的重要精神。焊接过程，是一个瞬间熔化凝固成形的过程，一旦凝固成形，便不可更改，因为一瞬间的凝固便是永恒的定格，因此焊工每一次的焊接操作都必须是精准而决绝的，凭借自己的技艺和丰富的经验，确保一次成功。在我国从制造大国向制造强国迈进的过程中，工匠精神对于焊接工种，尤其是不可或缺的。唯愿我国千万工匠，择一事终一生，守得毫厘安于心。

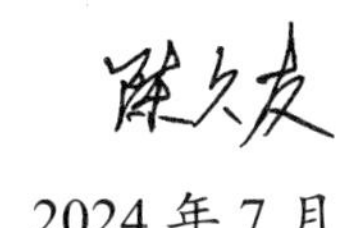

2024 年 7 月

图书在版编目（CIP）数据

陈久友工作法：轻量化金属构件高性能激光焊接 /
陈久友著. -- 北京：中国工人出版社, 2024. 10.
ISBN 978-7-5008-8524-5

Ⅰ. TG457.1

中国国家版本馆CIP数据核字第20242WL407号

陈久友工作法：轻量化金属构件高性能激光焊接

出 版 人　董　宽
责任编辑　刘广涛
责任校对　张　彦
责任印制　栾征宇
出版发行　中国工人出版社
地　　址　北京市东城区鼓楼外大街45号　邮编：100120
网　　址　http://www.wp-china.com
电　　话　（010）62005043（总编室）
　　　　　（010）62005039（印制管理中心）
　　　　　（010）62379038（职工教育编辑室）
发行热线　（010）82029051　62383056
经　　销　各地书店
印　　刷　北京市密东印刷有限公司
开　　本　787毫米×1092毫米　1/32
印　　张　3.25
字　　数　37千字
版　　次　2024年12月第1版　2024年12月第1次印刷
定　　价　28.00元

优秀技术工人百工百法丛书

第一辑　机械冶金建材卷

优秀技术工人百工百法丛书

第二辑　海员建设卷

优秀技术工人百工百法丛书

第三辑　能源化学地质卷

100 ARTISANS AND 100
TECHNIQUES SERIES
孙同根
工作法
S Zorb 装置
优化

100 ARTISANS AND 100
TECHNIQUES SERIES
王月鹏
工作法
基于绝缘平台的
绝缘杆作业法

100 ARTISANS AND 100
TECHNIQUES SERIES
王跃
工作法
滴定分析的
判断与控制

100 ARTISANS AND 100
TECHNIQUES SERIES
杨新海
工作法
车载移动测量技术
在实景三维成果
质量检验中的应用

100 ARTISANS AND 100
TECHNIQUES SERIES
杨义兴
工作法
油田修井现场
清洁生产
技术应用

100 ARTISANS AND 100
TECHNIQUES SERIES
游弋
工作法
煤矿供电系统
防晃电
设计与应用

100 ARTISANS AND 100
TECHNIQUES SERIES
余姝
工作法
高陡峡谷区
地质灾害调勘查